もくじ 数と計算4年

ページ

JN099420

小数の計算のまとめ

たし算・ひき算

小数のたし算・ひき算
筆算で計算するときは、位をそろえて書き、右の位から順に計算する。ただし、答えの小数点より右の終わりの0は消す。

```
    3.8 4          6.5 8
  + 0.7          + 2.1 2
    4.5 4          8.7 0
```

```
    5.3 6          4.2 0 0
  - 4.7 8          - 0.7 3 6
    0.5 8          3.4 6 4
```

かけ算

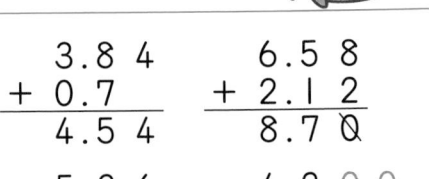

小数のかけ算
筆算で計算するときは、位をそろえるのではなく、右にそろえて書いて、計算する。

```
    1.7 4          2.8 5
  ×   3          ×   4 2
    5.2 2          5 7 0
                 1 1 4 0
                 1 1 9.7 0
```

わり算

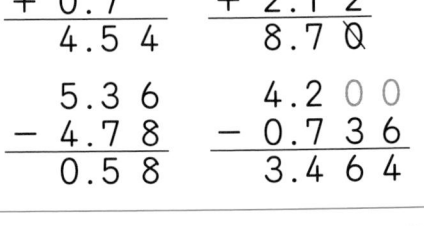

小数のわり算
筆算で計算するときは、上の位（左の位）から計算する。答えは、指示にしたがって求める。あまりがあるときは、小数点の位置に注意する。

```
      2.4 2        0.7        1.4 5
  4)9.6 8      3)2.2 3    6)8.7 0
    8            2 1          6
    1 6          0.1 3        2 7
    1 6                       2 4
        8                      3 0
        8                      3 0
        0                       0
```

商は $\frac{1}{10}$ の位まで求めてあまりをだす

わりきれるまで計算

1 大きい数
大きい数の表し方

／100点

1 次の数のいちばん左の数字は、何の位ですか。　1つ10〔20点〕

❶ 573600000

（　　　　　　　）の位

❷ 2945000000000

（　　　　　　　）の位

ポイント

★ 数は右から4けたごとに区切って考える。

十	一	千	百	十	一	千	百	十	一	千	百	十	一
	兆				億				万				

2 読み方を漢字で書きましょう。　1つ10〔40点〕

❶ 706350081

（　　　　　　　　　　　）

❷ 64000930250

（　　　　　　　　　　　）

❸ 3006000070900

（　　　　　　　　　　　）

❹ 180004203579005

（　　　　　　　　　　　）

3 数字で書きましょう。　1つ10〔40点〕

❶ 八億六千五十万

（　　　　　　　　　）

❷ 三兆六百億七十八万

（　　　　　　　　　）

❸ 1億を130こ、1万を58こあわせた数

（　　　　　　　　　）

❹ 1兆を2こ、100億を7こあわせた数

（　　　　　　　　　）

1 大きい数
大きい数の表し方

1 □にあてはまる不等号を書きましょう。　　1つ10〔20点〕

❶ 170520000 □ 171040000

❷ 387005900000000 □ 4780060000000

2 大きい順に左から書きましょう。　　1つ10〔20点〕

❶ 120086000、210073000、920098000

（　　　　　　　　　　　　　　　　　　　　　　）

❷ 15131405000、15141304000、15143106000

（　　　　　　　　　　　　　　　　　　　　　　）

3 下の⑦〜⑤のめもりが表す数を書きましょう。　　1つ10〔40点〕

9000億　　　　　　1兆　　　　1兆1000億

⑦（　　　　　　　　　　）　　⑦（　　　　　　　　　　）

⑦（　　　　　　　　　　）　　⑤（　　　　　　　　　　）

4 次の数を数字で書きましょう。　　1つ10〔20点〕

❶ 1億より1大きい数　　　❷ 10億より1小さい数

（　　　　　　　　）　　　（　　　　　　　　）

答えは
65ページ

きほん 2

1 大きい数
大きい数の計算

／100点

1 計算をしましょう。

1つ8〔80点〕

❶ 318×254

❷ 412×503

❸ 12億＋9億

❹ 7000億＋3000億

❺ 600億−350億　　　❻ 12兆−7兆

❼ 80億×10　　　　　❽ 3000億×100

❾ 560億÷10　　　　❿ 9億÷10

> ❶ 3けたの数をかけるとき
> も、2けたの数をかける筆
> 算と同じように考える。
> ❸〜❿ 億や兆の何こ分かを
> 考えるとよい。

2 □にあてはまる数を書きましょう。

1つ5〔20点〕

❶ 30億を10倍した数は 　　　　億で、30億を $\frac{1}{10}$ にし

た数は 　　　　億です。

❷ 2兆を10倍した数は 　　　　兆で、2兆を $\frac{1}{10}$ にした数

は 　　　　億です。

答えは
65ページ

1 大きい数
大きい数の計算

1 計算をしましょう。

❶ 603×219

❷ 851×374

❸ 4200億×10

❹ 2兆÷100

❺ 1兆−4000億

❻ 3億8000万＋2億5000万

2 □にあてはまる数を書きましょう。

❶ 7000億を10倍した数は □ 兆で、7000億を10で

わった数は □ 億です。

❷ 430億を10倍した数は □ 億で、4300億を

100倍した数は □ 兆です。

3 45×19＝855を使って、答えを求めましょう。

❶ 450×190

❷ 4500×1900

❸ 45万×19

❹ 45万×19万

答えは
65ページ

2 わり算の筆算 (1)
何十、何百のわり算

／100点

1 わり算をしましょう。

1つ4〔16点〕

① 4÷2

② 40÷2

③ 400÷2

④ 4000÷2

ポイント
★ 何十、何百、何千のわり算は0を省いて考える。

② 0を省いて、4÷2をして、求めた答えに省いた0をつける。
③④ 何百や何千になっても**②**と同じように考える。

2 わり算をしましょう。

1つ7〔84点〕

① 60÷2

② 40÷4

③ 240÷4

④ 420÷6

⑤ 810÷9

⑥ 350÷5

⑦ 800÷2

⑧ 600÷6

⑨ 3000÷3

⑩ 5000÷5

⑪ 4800÷8

⑫ 3200÷4

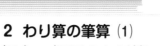

2 わり算の筆算 (1)
何十、何百のわり算

／100点

1 わり算をしましょう。

1つ5〔100点〕

❶ 90÷3

❷ 60÷3

❸ 70÷7

❹ 50÷5

❺ 80÷4

❻ 60÷6

❼ 210÷7

❽ 540÷9

❾ 400÷8

❿ 560÷7

⓫ 540÷6

⓬ 720÷8

⓭ 560÷8

⓮ 360÷9

⓯ 700÷7

⓰ 900÷3

⓱ 6000÷6

⓲ 8000÷4

⓳ 3600÷4

⓴ 2800÷7

答えは
65ページ

2 わり算の筆算 (1)
(2けた)÷(1けた)の計算 ①

/100点

1 わり算をしましょう。

1つ11〔22点〕

❶

```
  ┌─────
3 ) 7 8
```

★ わり算の筆算は、大きい位から考えていく。

■ 7÷3=2 あまり1

2 一の位の8とあわせて、18÷3=6

3 0になるので、わりきれる。

❷

```
  ┌─────
4 ) 9 2
```

2 わり算をしましょう。

1つ13〔78点〕

❶
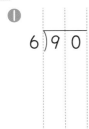
```
  ┌─────
6 ) 9 0
```

❷
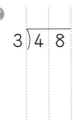
```
  ┌─────
3 ) 4 8
```

❸

```
  ┌─────
7 ) 9 8
```

❹
```
  ┌─────
5 ) 8 5
```

❺
```
  ┌─────
8 ) 9 6
```

❻
```
  ┌─────
4 ) 6 8
```

答えは
65ページ

2 わり算の筆算 (1)
（2けた）÷（1けた）の計算 ①

 わり算をしましょう。

1つ10〔60点〕

❶
2)38

❷
3)87

❸
2)94

❹
4)52

❺
6)84

❻
7)91

2 わり算をしましょう。

1つ10〔40点〕

❶ 96÷6

❷ 75÷5

❸ 76÷4

❹ 51÷3

答えは
66ページ

2 わり算の筆算 (1)
(2けた)÷(1けた)の計算 ②

／100点

1 わり算をしましょう。

1つ11〔22点〕

①

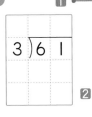

3)6 1

⓫
■ 1÷3=0 あまり1 だから、一の位に 0 をたてる。
② 1 だから、あまりがある ことになる。
★ 右のように 書いてもよい。

```
    2 0
3)6 1
  6
    1
    0
    1
```

②

2)5 7

2 わり算をしましょう。

1つ13〔78点〕

①
3)6 5

②
6)6 8

③
4)8 3

④
7)8 9

⑤
4)9 5

⑥
8)9 8

答えは 66ページ

月　　日

10分

2 わり算の筆算 (1)

（2けた）÷（1けた）の計算 ②

／100点

1 わり算をしましょう。

1つ10〔60点〕

① 　2〕6 5

② 　6〕9 2

③ 　7〕8 8

④ 　6〕8 1

⑤ 　5〕7 4

⑥ 　4〕9 3

2 わり算をしましょう。

1つ10〔40点〕

❶ 95÷8

❷ 86÷3

❸ 97÷9

❹ 78÷4

答えは
66ページ

 月　日

2 わり算の筆算 (1)
（3けた）÷（1けた）の計算

／100点

1 わり算をしましょう。　　　　　1つ15〔30点〕

①

$3\overline{)768}$

■「7÷3」の計算をする。
② 6をおろして、16と考える。
③「16÷3」の計算をする。
④ 8をおろして、18と考える。
⑤「18÷3」の計算をする。

② $6\overline{)366}$

2 わり算をしましょう。　　　　　1つ14〔70点〕

① $2\overline{)552}$

② $5\overline{)850}$

③ $4\overline{)387}$

④ $7\overline{)775}$

⑤ $9\overline{)624}$

2 わり算の筆算 (1)
（3けた）÷（1けた）の計算

 わり算をしましょう。　　　　　　　　　　1つ10〔60点〕

❶

$9\overline{)990}$

❷

$3\overline{)842}$

❸

$7\overline{)705}$

❹

$7\overline{)565}$

❺

$5\overline{)393}$

❻

$8\overline{)700}$

2 わり算をしましょう。　　　　　　　　　　1つ10〔40点〕

❶ $831 \div 4$

❷ $959 \div 2$

❸ $261 \div 3$

❹ $434 \div 6$

答えは
66ページ

月　　日

10分

3 角
角の大きさ

／100点

1 次の角度は何度ですか。

1つ7〔28点〕

❶ 1直角　（　　　　　）

❷ 2直角　（　　　　　）

❸ 1回転の角度（　　　　　）

❹ 半回転の角度（　　　　　）

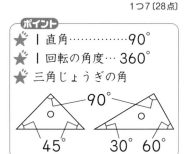

ポイント
★ 1直角……………90°
★ 1回転の角度…360°
★ 三角じょうぎの角
90°
45°
30° 60°

2 次の図の⑧〜⑦の角度は何度ですか。分度器ではかって（　）に書きましょう。

1つ9〔72点〕

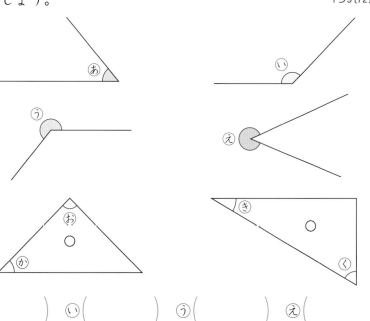

⑧（　　　　）　⑪（　　　　）　⑨（　　　　）　⑫（　　　　）

⑩（　　　　）　⑯（　　　　）　⑰（　　　　）　⑦（　　　　）

3 角
角の大きさ

1 次の図のあ〜えの角度は何度ですか。 1つ8〔32点〕

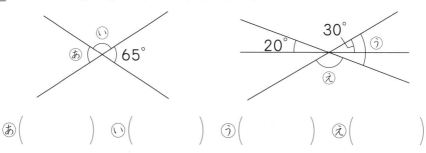

あ（　　　　　） い（　　　　　） う（　　　　　） え（　　　　　）

2 1組の三角じょうぎを組み合わせてできる、あ〜えの角度は何度ですか。 1つ8〔32点〕

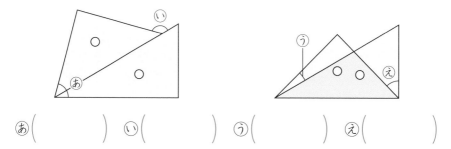

あ（　　　　　） い（　　　　　） う（　　　　　） え（　　　　　）

3 時計の長いはりが、次の時間にまわる角の大きさは何度ですか。 1つ9〔36点〕

❶ 30分（　　　　　） ❷ 15分（　　　　　）

❸ 10分（　　　　　） ❹ 50分（　　　　　）

答えは
67ページ

きほん 8

4 小数
小数の表し方としくみ

／100点

1 水のかさを小数で表しましょう。　1つ8〔24点〕

❶

（　　　　　）

ポイント

★ 1Lの $\frac{1}{10}$ → 0.1L

0.1Lの $\frac{1}{10}$ → 0.01L

❷
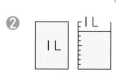

（　　　　　）

❸

（　　　　　）

2 □にあてはまる小数を書きましょう。　1つ8〔48点〕

❶ 1dL＝ □ L

❷ 10cm＝ □ m

❸ 2mm＝ □ cm

❹ 2m8cm＝ □ m

❺ 1kg425g＝ □ kg

❻ 80g＝ □ kg

3 次の数を 10 倍した数と $\frac{1}{10}$ にした数を書きましょう。

1つ7〔28点〕

❶ 0.42

10倍（　　　　　）

$\frac{1}{10}$（　　　　　）

❷ 0.25

10倍（　　　　　）

$\frac{1}{10}$（　　　　　）

答えは
67ページ

かくにん **8**

4 小数
小数の表し方としくみ

 月　日 10分
 ／100点

1 □にあてはまる不等号(ふとうごう)を書きましょう。　　1つ6〔12点〕

❶ 0.523 □ 0.525　　❷ 0.38 □ 0.308

2 □にあてはまる小数を書きましょう。　　1つ8〔32点〕

❶ 800m = □ km　　❷ 2km350m = □ km

❸ 4L2dL = □ L　　❹ 3kg205g = □ kg

3 次の数を書きましょう。　　1つ8〔56点〕

❶ 1を4こ、0.1を3こ、0.01を2こ、0.001を5こあわせた数　（　　　　　）

❷ 10を3こ、0.1を6こ、0.01を3こあわせた数　（　　　　　）

❸ 0.01を52こ集めた数　（　　　　　）

❹ 0.001を2020こ集めた数　（　　　　　）

❺ 1を5こ、0.01を12こあわせた数　（　　　　　）

❻ 3.6より0.04大きい数　（　　　　　）

❼ 2.9より0.001小さい数　（　　　　　）

18—数と計算4年

答えは
67ページ

10分

4 小数
小数のたし算

／100点

1 たし算をしましょう。

1つ10〔20点〕

①
```
    2.5 4
+   3.2 6
```

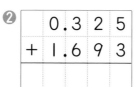

★ 位（小数点の位置）を
　そろえて書く。
　整数のたし算と同じよ
　うに計算する。
　小数点以下の最後の0
　は消す。
⨿ 上の小数点にそろえ
　て、和の小数点をうつ。

②
```
    0.5 2
+   2.3 1 7
```

2 たし算をしましょう。

1つ10〔80点〕

①
```
    1 2.2 9
+      4.7 1
```

②
```
    0.3 2 5
+   1.6 9 3
```

③
```
    4.2
+   3.2 5 4
```

④
```
    2 1.6
+    3.8 9
```

⑤
```
    2.7 1 6
+   1.1 9
```

⑥
```
    2.9 5 3
+   0.2 2 7
```

⑦
```
    0.3 8 9
+   4.8
```

⑧
```
    1.2 2 8
+   2.3 7 2
```

月　日

10分

／100点

4 小数
小数のたし算

1 たし算をしましょう。　1つ6〔36点〕

①
```
   3.2 9
+  1.7 3
```

②
```
   0.6 2 3
+  0.3 9 2
```

③
```
  2 5.3 2
+    3.6 8
```

④
```
   2.5 5
+  3.4 5
```

⑤
```
   0.3 9
+ 1 1.5 1
```

⑥
```
   2.3 3 7
+  5.1 6 3
```

2 たし算をしましょう。　1つ8〔24点〕

① 12.3＋7.73

② 3.42＋0.383

③ 4.291＋0.709

3 たし算をしましょう。　1つ10〔40点〕

① 31.25＋2.75

② 2.324＋0.297

③ 1.64＋2.381

④ 11.523＋2.377

答えは
67ページ

10分

4 小数
小数のひき算

／100点

1 ▶ ひき算をしましょう。

1つ10〔20点〕

❶
```
    4.2 9
−   3.3 5
```

★ 位（小数点の位置）をそろえて書く。
★ 整数のひき算と同じように計算する。
■ 一の位の0を書いて、上の小数点にそろえて、差の小数点をうつ。

■

❷
```
    3.8 2
− 1.5 3 5
```

2 ▶ ひき算をしましょう。

1つ10〔80点〕

❶
```
  1 5.3 7
−   8.5 2
```

❷
```
  3.2 9 4
− 1.8 3 6
```

❸
```
  4.9
− 2.5 3 1
```

❹
```
  1 9.5
−   8.6 1
```

❺
```
  3.6 0 5
− 2.8 9
```

❻
```
  4.7 2 6
− 2.0 6 7
```

❼
```
  2.7 3 1
− 0.7 9 3
```

❽
```
  3.0 0 4
− 1.0 9
```

答えは
67ページ

4 小数
小数のひき算

1 ひき算をしましょう。　　　　　　　　　　1つ6〔36点〕

①
```
   5.7 1
 − 3.4 9
```

②
```
   2.7 0 4
 − 0.8 9 5
```

③
```
   1 1.4 5
 −    7.6 3
```

④
```
     7
 − 3.5 7
```

⑤
```
   1 0.4 3
 −    0.8 5
```

⑥
```
   4.2 9 6
 − 2.5 9 8
```

2 ひき算をしましょう。　　　　　　　　　　1つ8〔24点〕

① 15.2−6.81

② 2.95−0.963

③ 6.374−0.776

3 ひき算をしましょう。　　　　　　　　　　1つ10〔40点〕

① 18.29−6.74

② 3.458−0.469

③ 3.89−2.953

④ 10.318−4.709

答えは
67ページ

月　　日

10分

5 わり算の筆算 (2)
何十でわる計算

／100点

1 わり算をしましょう。　　　　　　　　　1つ4〔16点〕

① 12÷4

② 120÷4

③ 120÷40

④ 140÷40

> **ポイント**
> ③ 10 をもとにして、わられる数、わる数の一の位の 0 を消して計算できる。
> → 12÷4＝3
> ④ あまりがあるときは、あまりに消した 0 をつける。
> → 14÷4＝3 あまり 2 より、あまりは 2 でなく 20 になる。

2 わり算をしましょう。　　　　　　　　　1つ7〔84点〕

① 60÷20　　　　　　② 90÷30

③ 280÷40　　　　　④ 630÷70

⑤ 400÷80　　　　　⑥ 420÷60

⑦ 70÷20　　　　　　⑧ 90÷40

⑨ 340÷60　　　　　⑩ 750÷90

⑪ 390÷50　　　　　⑫ 600÷70

答えは
67ページ

／100点

5 わり算の筆算 (2)
何十でわる計算

1 わり算をしましょう。　　　　　　　　　　　1つ5〔100点〕

❶ 80÷20　　　　　　　　　❷ 60÷30

❸ 90÷90　　　　　　　　　❹ 80÷40

❺ 100÷50　　　　　　　　❻ 300÷60

❼ 60÷40　　　　　　　　　❽ 80÷70

❾ 80÷30　　　　　　　　　❿ 90÷60

⓫ 70÷30　　　　　　　　　⓬ 50÷40

⓭ 90÷20　　　　　　　　　⓮ 80÷50

⓯ 180÷70　　　　　　　　⓰ 250÷40

⓱ 710÷80　　　　　　　　⓲ 120÷50

⓳ 410÷60　　　　　　　　⓴ 520÷90

答えは
67ページ

5 わり算の筆算 (2)
(2けた)÷(2けた)の計算

／100点

1 わり算をしましょう。

1つ11 (22点)

❶

$$23\overline{)69}$$

■ 69 → 70、23 → 20
と考えて、商の見当をつ
ける。
見当をつけた商が
小さければ｜大きくし、
大きければ｜小さくする。

❷

$$31\overline{)91}$$

2 わり算をしましょう。

1つ13 (78点)

❶
$$25\overline{)75}$$

❷
$$22\overline{)67}$$

❸
$$24\overline{)73}$$

❹
$$28\overline{)84}$$

❺
$$14\overline{)98}$$

❻
$$29\overline{)63}$$

答えは
68ページ

5 わり算の筆算 ⑵
（2けた）÷（2けた）の計算

10分

／100点

---

1 わり算をしましょう。

1つ10〔60点〕

① 24）96

② 38）70

③ 37）95

④ 18）72

⑤ 46）91

⑥ 12）47

2 わり算をしましょう。

1つ10〔40点〕

① 96÷48

② 74÷37

③ 92÷43

④ 56÷27

答えは
68ページ

月　　日

10分

5 わり算の筆算 (2)
（3けた）÷（2けた）の計算

／100点

1 わり算をしましょう。

1つ11〔22点〕

❶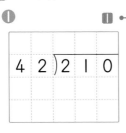

　42) 2 1 0

■ 210→200、42
→40 と考えて、商の
見当をつける。
見当をつけた商が
小さければ | 大きくし、
大きければ | 小さくする。

❷

　34) 5 1 2

2 わり算をしましょう。

1つ13〔78点〕

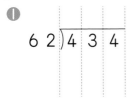
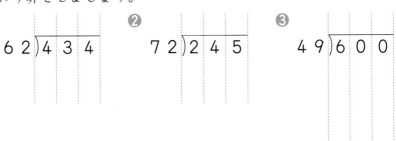

❶ 62) 4 3 4

❷ 72) 2 4 5

❸ 49) 6 0 0

❹ 54) 4 8 6

❺ 29) 2 6 1

❻ 64) 7 5 6

答えは
68ページ

5　わり算の筆算 (2)
（3けた）÷（2けた）の計算

／100点

1 わり算をしましょう。

1つ10〔60点〕

❶
$$47 \overline{)235}$$

❷
$$52 \overline{)478}$$

❸
$$32 \overline{)505}$$

❹
$$57 \overline{)761}$$

❺
$$73 \overline{)872}$$

❻
$$94 \overline{)981}$$

2 わり算をしましょう。

1つ10〔40点〕

❶ $228 \div 38$

❷ $939 \div 77$

❸ $605 \div 83$

❹ $880 \div 64$

答えは
68ページ

5 わり算の筆算 (2)
(3けた)÷(3けた) の計算

／100点

1 わり算をしましょう。

1つ11 (22点)

❶

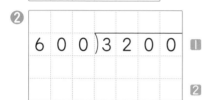

```
115)460
```

❷

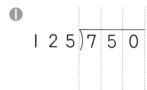

```
600)3200  ▌
          ▐2
```

> **ポイント**
> ❶ わる数の115を100とみて、かりの商をたてる。
> ❷ ▌ 終わりに0のある数のわり算は、わる数の0とわられる数の0を、同じ数だけ消してから計算するとよい。
> ▐2 0を消して考えたときであまりがあるときは、消した0の数だけあまりに0をつける。

2 わり算をしましょう。

1つ13 (78点)

❶
```
125)750
```

❷
```
800)4500
```

❸
```
224)896
```

❹
```
900)36000
```

❺
```
319)957
```

❻
```
700)59000
```

5 わり算の筆算 (2)
(3けた)÷(3けた)の計算

1 わり算をしましょう。　　　　　　　　　　　　　1つ10〔60点〕

❶
$$205\overline{)820}$$

❷
$$900\overline{)4000}$$

❸
$$159\overline{)954}$$

❹
$$700\overline{)42000}$$

❺
$$424\overline{)852}$$

❻
$$500\overline{)52400}$$

2 わり算をしましょう。　　　　　　　　　　　　　1つ10〔40点〕

❶ 942÷314

❷ 5700÷600

❸ 1680÷240

❹ 28300÷3000

答えは
68ページ

6 わり算のまとめ

／100点

1 わり算をしましょう。

1つ10〔60点〕

❶
$$39 \overline{)78}$$

❷
$$16 \overline{)64}$$

❸
$$23 \overline{)97}$$

❹
$$63 \overline{)189}$$

❺
$$32 \overline{)607}$$

❻
$$52 \overline{)765}$$

2 わり算をしましょう。

1つ10〔40点〕

❶ $95 \div 43$

❷ $282 \div 94$

❸ $423 \div 69$

❹ $957 \div 87$

6 わり算のまとめ

月　　日

/100点

1 わり算をしましょう。

1つ8〔40点〕

① $89\overline{)997}$　　② $44\overline{)952}$　　③ $67\overline{)938}$

④ $450\overline{)2700}$　　⑤ $8400\overline{)75600}$

2 わり算をしましょう。

1つ10〔60点〕

① $741 \div 57$　　　　② $468 \div 78$

③ $816 \div 255$　　　　④ $896 \div 354$

⑤ $9500 \div 160$　　　　⑥ $64700 \div 2700$

答えは 68ページ

きほん **16**

7 計算のきまり

／100点

1 計算をしましょう。

1つ8〔64点〕

❶ 500−(40+260)

❷ 15×(42−35)

❸ 720÷(26+64)

❹ 58+19×7

❺ 270+280÷8

❻ 28×3−4×9

❼ 8×(60−35)÷50

❽ 4×(25×13)

> ★ かっこの中を先に計算する。
> ★ たし算やひき算より、かけ算やわり算を先に計算する。
> ★ ■×(●×▲)=(■×●)×▲
> ❶ 40+260=300　500−300
> ❸ 26+64=90　720÷90
> ❹ 19×7=133　58+133
> ❺ 280÷8=35　270+35
> ❽ (4×25)×13=100×13

2 計算をしましょう。　1つ9〔36点〕

❶ 7×28+7×2

❷ 22×100−22×20

❸ 101×17

❹ 999×9

> ★ 次のようなくふうができる。
> ■×●+■×▲=■×(●+▲)
> ■×●−■×▲=■×(●−▲)
> (●+▲)×■=●×■+▲×■
> (●−▲)×■=●×■−▲×■
> ❶ 7×(28+2)=7×30
> ❷ 22×(100−20)=22×80
> ❸ 101=100+1 と考える。
> ❹ 999=1000−1 と考える。

月　　日

10分

／100点

7　計算のきまり

1 計算をしましょう。　　　　　　　　❶〜❽1つ5、❾〜⑱1つ6〔100点〕

❶　427＋(58−34)

❷　564−(352＋118)

❸　216−(81−33)

❹　745−(494−129)

❺　15×(22×4)

❻　95÷(125÷25)

❼　46＋52×76

❽　603−342÷19

❾　38×17÷34＋6

❿　156÷26＋74×4

⓫　611÷(63−16)

⓬　(937＋63)×287

⓭　175×25×4

⓮　8×32×125

⓯　49×6＋21×6

⓰　89×4−39×4

⓱　99×8

⓲　102×15

答えは
69ページ

月　　日

10分

8 面積

cm²、m²、a、ha、km²

／100点

1 次の長方形や正方形の面積を求めましょう。 1つ12〔48点〕

❶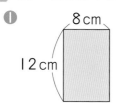

8cm
12cm

（　　　　　　　）

> **ポイント**
> ★ 長方形の面積→たて×横
> ★ 正方形の面積→1辺×1辺
> ★ 面積の単位
> 　1cm×1cm＝1cm²
> 　1m×1m＝1m²
> 　10m×10m＝100m²＝1a
> 　100m×100m＝10000m²＝1ha
> 　1km×1km＝1km²

❷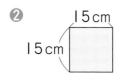

15cm
15cm

（　　　　　　　）

❸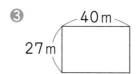

40m
27m

（　　　　　　　）

❹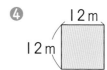

12m
12m

（　　　　　　　）

2 次の図形の面積を求めましょう。 1つ13〔52点〕

❶ たて36cm、横50cmの長方形 　（　　　　　　　）

❷ 1辺が28cmの正方形 　（　　　　　　　）

❸ たて90cm、横1m20cmの長方形 　（　　　　　　　）

❹ 1辺が18mの正方形 　（　　　　　　　）

かくにん **17**

8 面積
cm²、m²、a、ha、km²

／100点

1 次の長方形や正方形の面積を求めましょう。　1つ7〔28点〕

❶ 1辺が17cmの正方形　　　　　(　　　　　　　)

❷ たて24m、横32mの長方形　　(　　　　　　　)

❸ 1辺が55mの正方形　　　　　(　　　　　　　)

❹ たて13km、横25kmの長方形　(　　　　　　　)

2 次の図形の面積を、〔　〕の中の単位で求めましょう。　1つ10〔30点〕

❶ たて40m、横50mの長方形〔a〕　　(　　　　　　　)

❷ 1辺が600mの正方形〔ha〕　　　　(　　　　　　　)

❸ たて2000m、横15000mの長方形〔km²〕

(　　　　　　　)

3 □にあてはまる数を書きましょう。　1つ7〔42点〕

❶ 2m² = □ cm²　　　❷ 300000cm² = □ m²

❸ 5km² = □ m²　　　❹ 7000000m² = □ km²

❺ 8ha = □ m²　　　❻ 500a = □ m²

答えは
69ページ

8 面積
いろいろな面積の計算

／100点

1 次の図形の色のついた部分の面積を求めましょう。 1つ20〔100点〕

①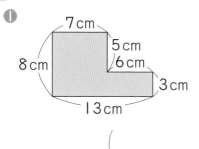

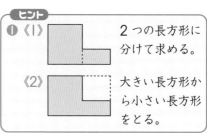

ヒント

①《1》 2つの長方形に分けて求める。

《2》 大きい長方形から小さい長方形をとる。

( )

②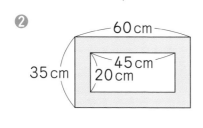

( )

③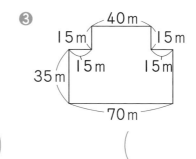

( )

④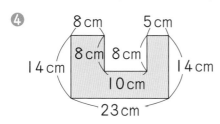

( )

⑤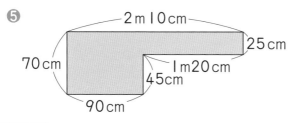

( )

10分

8 面積
いろいろな面積の計算

／100点

1 次の図形の色のついた部分の面積を求めましょう。

❶～❹ 1つ15、❺❻ 1つ20〔100点〕

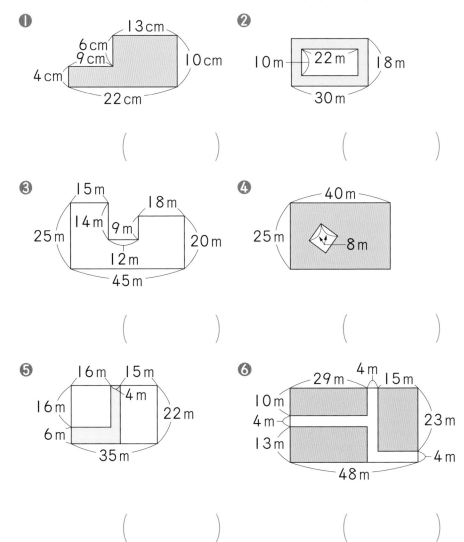

❶
13 cm
6 cm
9 cm
4 cm
10 cm
22 cm

（　　　　　　　）

❷
10 m
22 m
18 m
30 m

（　　　　　　　）

❸
15 m
14 m
9 m
18 m
25 m
20 m
12 m
45 m

（　　　　　　　）

❹
40 m
25 m
8 m

（　　　　　　　）

❺
16 m
15 m
4 m
16 m
22 m
6 m
35 m

（　　　　　　　）

❻
29 m
4 m
15 m
10 m
4 m
13 m
23 m
4 m
48 m

（　　　　　　　）

答えは
69ページ

9 がい数
がい数の表し方
がい数のはんい

1 次の数の千の位（くらい）の数字を四捨五入（ししゃごにゅう）しましょう。　　1つ8〔24点〕

① 14975　　（　　　　　　）

② 37548　　（　　　　　　）

③ 146328　　（　　　　　　）

> **ポイント**
> ★ 四捨五入は、
> 0、1、2、3、4 のときは、
> 切り捨（す）てる。
> 5、6、7、8、9 のときは、
> 切り上げる。
> ★ ある位までのがい数に
> するには、1つ下の位で
> 四捨五入する。
> ★ 四捨五入して上から1
> けたのがい数にするには、
> 上から2つめの位で四捨
> 五入する。

2 次の数を四捨五入して、上から1け
たのがい数にしましょう。　　1つ8〔24点〕

① 23549　　（　　　　　　）

② 593726　　（　　　　　　）

③ 382911　　（　　　　　　）

3 四捨五入して、〔　〕の中の位までのがい数にしましょう。

❶❷ 1つ8、❸〜❻ 1つ9〔52点〕

① 562〔十〕
　　　（　　　　　　）

② 8496〔百〕
　　　（　　　　　　）

③ 27483〔千〕
　　　（　　　　　　）

④ 169874〔千〕
　　　（　　　　　　）

⑤ 494650〔一万〕
　　　（　　　　　　）

⑥ 2495386〔一万〕
　　　（　　　　　　）

かくにん **19**

がい数の表し方
がい数のはんい

月　　日

10分

／100点

1 四捨五入して、上から 2 けたのがい数にしましょう。　1つ8〔48点〕

❶ 6089

（　　　　　　　）

❷ 27457

（　　　　　　　）

❸ 49745

（　　　　　　　）

❹ 552976

（　　　　　　　）

❺ 3965210

（　　　　　　　）

❻ 14872500

（　　　　　　　）

2 四捨五入して、一万の位までのがい数にしましょう。　1つ8〔32点〕

❶ 16487

（　　　　　　　）

❷ 78609

（　　　　　　　）

❸ 469830

（　　　　　　　）

❹ 190653

（　　　　　　　）

3 四捨五入して、百の位までのがい数にしたとき、2800 になる整数のうち、次の整数を書きましょう。　1つ10〔20点〕

❶ いちばん大きい整数　　　　　　（　　　　　　　）

❷ いちばん小さい整数　　　　　　（　　　　　　　）

答えは
69ページ

きほん 20

9 がい数
和の見積もりの計算
差の見積もりの計算

／100点

1 それぞれの数を四捨五入して百の位までのがい数にして、答え
を見積もりましょう。

1つ6〔36点〕

① 6035＋9862

② 7448＋4789

③ 8256＋4397

④ 9796－3857

⑤ 1429－1182　　　　**⑥** 5786－4272

2 それぞれの数を四捨五入して百の位までのがい数にして、答え
を見積もりましょう。

1つ8〔64点〕

① 3708＋18660　　　　**②** 46428＋859

③ 10078＋30306　　　　**④** 427＋183＋994

⑤ 70309－23091　　　　**⑥** 5634－985

⑦ 68066－8771　　　　**⑧** 40362－8546－752

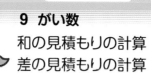

9 がい数
和の見積もりの計算
差の見積もりの計算

月　日

10分

/100点

1 それぞれの数を四捨五入して百の位までのがい数にして、答え
を見積もりましょう。

1つ8〔64点〕

❶ 7035＋9863

❷ 8695－2779

❸ 726＋992＋273

❹ 738＋561－847

❺ 2318＋786＋1652

❻ 679＋2137－983

❼ 6563＋503＋57799

❽ 28878－481－5066

2 それぞれの数を四捨五入して千の位までのがい数にして、次の
数の和と差を見積もりましょう。

1つ9〔36点〕

❶ 3682 と 9239

和(　　　　　)　差(　　　　　)

❷ 35146 と 49765

和(　　　　　)　差(　　　　　)

答えは
69ページ

9 がい数

積の見積もりの計算
商の見積もりの計算

1 それぞれの数を四捨五入して上から1けたのがい数にして、積を見積もりましょう。また、実さいに計算しましょう。 1つ10〔60点〕

❶ 42×686

見積もり(　　　　　　　　)

計算(　　　　　　　　)

> **ちゅうい**
> ★ 積や商を見積もるときは、計算した答えを四捨五入するのではなく、それぞれの数をがい数にしてから計算する。

❷ 329×278

見積もり(　　　　　　) 計算(　　　　　　)

❸ 7945×3160

見積もり(　　　　　　) 計算(　　　　　　)

2 それぞれの数を四捨五入して上から1けたのがい数にして、商を見積もりましょう。また、実さいに計算しましょう。 1つ10〔40点〕

❶ 39504÷48

見積もり(　　　　　　) 計算(　　　　　　)

❷ 57102÷307

見積もり(　　　　　　) 計算(　　　　　　)

答えは69ページ

9 がい数
積の見積もりの計算
商の見積もりの計算

1 それぞれの数を四捨五入して上から１けたのがい数にして、積を見積もりましょう。また、実さいに計算しましょう。

① 829×58

1つ10〔60点〕

　　　　　　見積もり（　　　　　　　　）　計算（　　　　　　　　）

❷ 479×534

　　　　　　見積もり（　　　　　　　　）　計算（　　　　　　　　）

❸ 3945×724

　　　　　　見積もり（　　　　　　　　）　計算（　　　　　　　　）

2 それぞれの数を四捨五入して上から１けたのがい数にして、商を見積もりましょう。また、実さいに計算しましょう。

① 72504÷72

1つ10〔40点〕

　　　　　　見積もり（　　　　　　　　）　計算（　　　　　　　　）

❷ 613800÷1800

　　　　　　見積もり（　　　　　　　　）　計算（　　　　　　　　）

答えは
70ページ

10 小数のかけ算・わり算
（小数）×（整数）の計算

／100点

1 かけ算をしましょう。

1つ10〔20点〕

①
```
    1.4
  ×   7
```

★ 小数点を考えずに、右にそろえて書く。
★ 整数のかけ算と同じように計算する。
🚩 かけられる数にそろえて、積の小数点をうつ。

②
```
    13.5
  ×   18
```

2 かけ算をしましょう。

1つ10〔80点〕

①
```
    3.2
  ×   5
```

②
```
    2.57
  ×    4
```

③
```
    4.25
  ×    6
```

④
```
    0.6
  × 29
```

⑤
```
    13.5
  ×   17
```

⑥
```
    3.28
  ×   15
```

⑦
```
    3.6
  × 24
```

⑧
```
    1.03
  ×   32
```

答えは
70ページ

10分

10 小数のかけ算・わり算
（小数）×（整数）の計算

／100点

1 かけ算をしましょう。　　　　　　　　　　　　　　1つ6〔36点〕

①
```
    8.7
  ×   5
```

②
```
   14.8
  ×    7
```

③
```
   2.35
  ×    8
```

④
```
    5.6
  ×  14
```

⑤
```
   25.2
  ×   23
```

⑥
```
   1.98
  ×   32
```

2 かけ算をしましょう。　　　　　　　　　　　　　　1つ8〔64点〕

① 0.29×2

② 1.42×5

③ 3.8×27

④ 31.7×14

⑤ 4.24×13

⑥ 7.35×36

⑦ 5.64×105

⑧ 0.254×218

答えは
70ページ

月　　　日

10 小数のかけ算・わり算
（小数）÷（整数）の計算 ①

／100点

 1 わり算をしましょう。

1つ11〔22点〕

❶ ❷•

$$2\,\overline{)\,6.8}$$

❶ 3×2=6　6−6=0
❷ わられる数の小数点に
そろえて、商の小数点を
うつ。
❸ 4×2=8　8−8=0
★ 商に小数点をうつのを
わすれないようにしよう。

❷

$$6\,\overline{)\,9.6}$$

2 わり算をしましょう。

1つ13〔78点〕

❶

$$3\,\overline{)\,4.8}$$

❷

$$4\,\overline{)\,9.2}$$

❸

$$8\,\overline{)\,17.6}$$

❹

$$5\,\overline{)\,5.5}$$

❺

$$7\,\overline{)\,16.8}$$

❻

$$9\,\overline{)\,31.5}$$

答えは
70ページ

10 小数のかけ算・わり算
(小数)÷(整数)の計算 ①

/100点

1 わり算をしましょう。

1つ10〔60点〕

❶

$$3 \overline{)7.5}$$

❷

$$4 \overline{)26.8}$$

❸

$$5 \overline{)42.5}$$

❹

$$9 \overline{)8.1}$$

❺

$$7 \overline{)55.3}$$

❻

$$9 \overline{)62.1}$$

2 わり算をしましょう。

1つ10〔40点〕

❶ $9.1 \div 7$

❷ $6.4 \div 8$

❸ $44.4 \div 2$

❹ $18.6 \div 6$

答えは
70ページ

10 小数のかけ算・わり算
（小数）÷（整数）の計算 ②

／100点

1 わり算をしましょう。

1つ11〔22点〕

①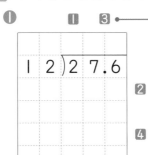

❶ 商がたつ位に気をつけよう。

❷ 27÷12＝2 あまり 3

❸ わられる数の小数点にそろえて商の小数点をうつ。

❹ 36÷12＝3

②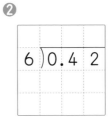

2 わり算をしましょう。

1つ13〔78点〕

①

②

③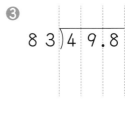

④
```
58)40.6
```

⑤
```
48)9.12
```

⑥
```
54)6.48
```

10 小数のかけ算・わり算
(小数)÷(整数)の計算 ②

／100点

1 わり算をしましょう。

1つ10〔60点〕

❶
$$67\overline{)93.8}$$

❷
$$16\overline{)89.6}$$

❸
$$8\overline{)0.88}$$

❹
$$23\overline{)85.1}$$

❺
$$36\overline{)32.4}$$

❻
$$28\overline{)9.52}$$

2 わり算をしましょう。

1つ10〔40点〕

❶ 93.6÷72

❷ 91.2÷38

❸ 32.9÷47

❹ 6.32÷79

答えは
70ページ

10 小数のかけ算・わり算
（小数）÷（整数）の計算 ③

／100点

1 わり算をしましょう。商は一の位まで求め、あまりもだしましょう。

1つ13〔52点〕

❶
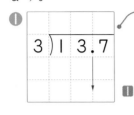

■ 7をおろして、17になる。ただし、あまりの小数点は、わられる数の小数点にそろえてうつので、あまりは 1.7 になる。

★ たしかめをしてみよう。

| わる数 | × | 商 | ＋ | あまり | → | わられる数 |

❷
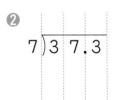

$7\overline{)37.3}$

❸
$13\overline{)61.6}$

❹
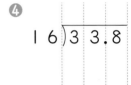

$16\overline{)33.8}$

2 わりきれるまで計算しましょう。

1つ16〔48点〕

❶
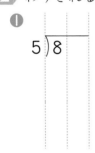

$5\overline{)8}$

❷
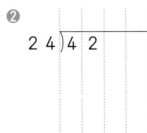

$24\overline{)42}$

❸

$8\overline{)7}$

10 小数のかけ算・わり算
（小数）÷（整数）の計算 ③

／100点

1 わり算をしましょう。商は一の位まで求め、あまりもだしましょう。

1つ10〔30点〕

❶ 8⟌2 7.7

❷ 7⟌7 4.8

❸ 1 4⟌3 8.8

2 わりきれるまで計算しましょう。

1つ14〔28点〕

❶ 2÷16

❷ 51.2÷40

3 わり算をしましょう。商は四捨五入して、上から2けたのがい数で求めましょう。

1つ14〔42点〕

❶ 16÷3

❷ 122÷17

❸ 53.3÷28

答えは
71ページ

11 小数の計算のまとめ

／100点

1 計算をしましょう。❺、❻はわりきれるまで計算しましょう。

1つ10〔60点〕

❶
```
   3.2 5
 + 2.8 8
```

❷
```
   6.2 5
 - 4.4 9
```

❸
```
   5.2 9
 ×     4
```

❹
```
   1.7 3
 ×    2 4
```

❺
```
 47)9 8.7
```

❻
```
 8)1 3.2
```

2 計算をしましょう。❹はわりきれるまで計算しましょう。

1つ10〔40点〕

❶ 4.295＋3.748

❷ 10.2－0.437

❸ 7.36×109

❹ 53.6÷8

答えは
71ページ

／100点

11 小数の計算のまとめ

1 計算をしましょう。❺、❻はわりきれるまで計算しましょう。

1つ10〔60点〕

❶
```
  1 2.6 3
+   7.3 9
```

❷
```
  8.3 5
- 3.6 4 6
```

❸
```
  9.3 4
×     5
```

❹
```
  3.1 4
×   1 8
```

❺
```
      _____
1 9 ) 9 3.1
```

❻
```
    _____
4 ) 1 0
```

2 計算をしましょう。❸、❹はわりきれるまで計算しましょう。

1つ10〔40点〕

❶ 15.5×26

❷ 10.34×137

❸ 15.2÷38

❹ 5.67÷63

答えは71ページ

月　　日

12 分数
仮分数と帯分数

／100点

1 次の分数について、答えましょう。

1つ15〔60点〕

$$\frac{1}{3}、1\frac{2}{5}、2\frac{1}{2}、\frac{9}{7}、\frac{5}{6}、\frac{17}{8}、\frac{4}{4}$$

❶ 真分数はどれですか。

（　　　　　　　　　）

❷ 仮分数はどれですか。

（　　　　　　　　　）

❸ 帯分数はどれですか。

（　　　　　　　　　）

ポイント
★ 真分数…分子が分母より小さい分数
★ 仮分数…分子が分母と等しいか、分子が分母より大きい分数
★ 帯分数…整数と真分数の和になっている分数

❹ 2 より大きい分数はどれですか。

（　　　　　　　　　）

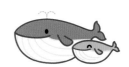

2 次の仮分数は帯分数に、帯分数は仮分数になおしましょう。

1つ10〔40点〕

❶ $\frac{4}{3}$　　（　　　　　　　）

❷ $\frac{9}{5}$　　（　　　　　　　）

❸ $1\frac{1}{4}$　　（　　　　　　　）

❹ $4\frac{1}{10}$　　（　　　　　　　）

ポイント
★ 仮分数 → 帯分数
$\frac{●}{■}$ → ●÷■＝▲あまり★ → ▲$\frac{★}{■}$
★ 帯分数 → 仮分数
▲$\frac{★}{■}$ → ■×▲＋★＝● → $\frac{●}{■}$

答えは
71ページ

12 分数
仮分数と帯分数

/100点

1 下の数直線で、⑦〜⑦のめもりが表す分数はいくつですか。1 より大きい分数は、帯分数（たいぶんすう）で書きましょう。　　　　1つ6〔18点〕

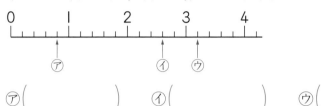

⑦（　　　　　）　　⑦（　　　　　）　　⑦（　　　　　）

2 下の数直線で、⑦〜⑦のめもりが表す分数はいくつですか。1 より大きい分数は、仮分数（かぶんすう）で書きましょう。　　　　1つ6〔18点〕

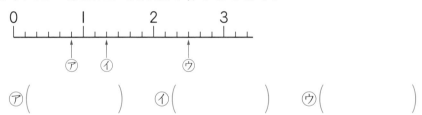

⑦（　　　　　）　　⑦（　　　　　）　　⑦（　　　　　）

3 次の仮分数は帯分数か整数に、帯分数は仮分数になおしましょう。　　　　1つ8〔64点〕

❶ $\dfrac{6}{6}$　　（　　　　　）　　❷ $\dfrac{15}{7}$　　（　　　　　）

❸ $\dfrac{18}{8}$　　（　　　　　）　　❹ $\dfrac{8}{4}$　　（　　　　　）

❺ $2\dfrac{1}{3}$　　（　　　　　）　　❻ $1\dfrac{4}{5}$　　（　　　　　）

❼ $4\dfrac{3}{7}$　　（　　　　　）　　❽ $3\dfrac{2}{4}$　　（　　　　　）

答えは
71ページ

きほん 28

12 分数
分数のたし算

／100点

1 たし算をしましょう。

1つ6〔30点〕

① $\dfrac{5}{7} + \dfrac{3}{7}$

② $\dfrac{11}{8} + \dfrac{19}{8}$

③ $2\dfrac{2}{4} + \dfrac{1}{4}$

④ $1\dfrac{2}{5} + \dfrac{4}{5}$

⑤ $1\dfrac{2}{6} + 2\dfrac{3}{6}$

> **ポイント**
>
> ① 分数のたし算は分子で考える。
>
> $\dfrac{5}{7}$ は $\dfrac{1}{7}$ が 5 こ、$\dfrac{3}{7}$ は $\dfrac{1}{7}$ が 3 こ
>
> → 5＋3＝8 → $\dfrac{8}{7}$ $\left(1\dfrac{1}{7}\right)$
>
> ③ 帯分数(たいぶんすう)のときは、整数部分と分数部分に分けて考える。または、仮分数(かぶんすう)になおして考える。

2 たし算をしましょう。

1つ7〔70点〕

① $\dfrac{7}{8} + \dfrac{3}{8}$

② $\dfrac{3}{10} + \dfrac{9}{10}$

③ $\dfrac{5}{7} + \dfrac{6}{7}$

④ $2\dfrac{1}{2} + \dfrac{1}{2}$

⑤ $3\dfrac{3}{4} + \dfrac{3}{4}$

⑥ $1\dfrac{5}{6} + \dfrac{2}{6}$

⑦ $1\dfrac{1}{3} + 2\dfrac{1}{3}$

⑧ $3\dfrac{3}{5} + 1\dfrac{1}{5}$

⑨ $2\dfrac{4}{9} + 2\dfrac{5}{9}$

⑩ $1\dfrac{4}{10} + 3\dfrac{6}{10}$

答えは
71ページ

12 分数
分数のたし算

1 たし算をしましょう。

❶～❽ 1つ5、❾～⓲ 1つ6〔100点〕

❶ $\dfrac{4}{8} + \dfrac{7}{8}$

❷ $\dfrac{5}{9} + \dfrac{7}{9}$

❸ $\dfrac{3}{4} + \dfrac{3}{4}$

❹ $\dfrac{7}{10} + \dfrac{5}{10}$

❺ $\dfrac{6}{7} + \dfrac{12}{7}$

❻ $\dfrac{8}{6} + \dfrac{13}{6}$

❼ $\dfrac{1}{2} + \dfrac{9}{2}$

❽ $\dfrac{5}{3} + \dfrac{10}{3}$

❾ $2\dfrac{3}{5} + \dfrac{1}{5}$

❿ $1\dfrac{5}{11} + \dfrac{10}{11}$

⓫ $\dfrac{2}{6} + 3\dfrac{5}{6}$

⓬ $\dfrac{4}{9} + 2\dfrac{7}{9}$

⓭ $1\dfrac{6}{7} + \dfrac{2}{7}$

⓮ $2\dfrac{2}{5} + \dfrac{4}{5}$

⓯ $1\dfrac{2}{8} + 1\dfrac{3}{8}$

⓰ $2\dfrac{4}{10} + 1\dfrac{2}{10}$

⓱ $3\dfrac{2}{4} + 1\dfrac{2}{4}$

⓲ $2\dfrac{5}{12} + 3\dfrac{7}{12}$

答えは
71ページ

月　　日

12 分数
分数のひき算

／100点

1 ▶ ひき算をしましょう。

1つ6〔30点〕

① $\dfrac{19}{8} - \dfrac{14}{8}$

② $\dfrac{16}{7} - \dfrac{8}{7}$

③ $4\dfrac{4}{5} - 2\dfrac{3}{5}$

④ $3\dfrac{1}{4} - \dfrac{3}{4}$

⑤ $4 - 2\dfrac{5}{6}$

> **ポイント**
>
> ① 分数のひき算は分子で考える。
>
> $\dfrac{19}{8}$ は $\dfrac{1}{8}$ が 19 こ、$\dfrac{14}{8}$ は $\dfrac{1}{8}$ が 14 こ
>
> → 19 − 14 = 5 → $\dfrac{5}{8}$
>
> ★ 帯分数(たいぶんすう)のときは、整数部分と分数部分に分けて考える。なお、分数部分がひけないときは、整数部分からくり下げた1を分数になおして計算する。または、帯分数を仮分(かぶん)数(すう)になおして考える。
>
> ④ $3\dfrac{1}{4} → 2\dfrac{5}{4}$　　⑤ $4 = 3\dfrac{6}{6}$

2 ▶ ひき算をしましょう。

1つ7〔70点〕

① $\dfrac{15}{8} - \dfrac{4}{8}$

② $\dfrac{19}{7} - \dfrac{13}{7}$

③ $\dfrac{23}{10} - \dfrac{11}{10}$

④ $3 - \dfrac{1}{7}$

⑤ $4\dfrac{5}{6} - \dfrac{3}{6}$

⑥ $2\dfrac{1}{4} - \dfrac{2}{4}$

⑦ $5\dfrac{3}{5} - 3\dfrac{1}{5}$

⑧ $4\dfrac{2}{3} - 3\dfrac{2}{3}$

⑨ $6 - \dfrac{8}{9}$

⑩ $3 - 1\dfrac{1}{2}$

答えは
72ページ

12 分数
分数のひき算

10分

／100点

1 ひき算をしましょう。

❶〜❽ 1つ5、❾〜⓲ 1つ6〔100点〕

❶ $\dfrac{15}{10} - \dfrac{6}{10}$

❷ $\dfrac{9}{4} - \dfrac{3}{4}$

❸ $\dfrac{13}{8} - \dfrac{5}{8}$

❹ $\dfrac{17}{9} - \dfrac{14}{9}$

❺ $\dfrac{25}{6} - \dfrac{13}{6}$

❻ $\dfrac{15}{8} - \dfrac{10}{8}$

❼ $\dfrac{7}{3} - \dfrac{4}{3}$

❽ $\dfrac{9}{2} - \dfrac{3}{2}$

❾ $3\dfrac{7}{9} - \dfrac{5}{9}$

❿ $2\dfrac{3}{4} - \dfrac{1}{4}$

⓫ $2\dfrac{4}{6} - \dfrac{5}{6}$

⓬ $4\dfrac{3}{7} - \dfrac{6}{7}$

⓭ $3\dfrac{1}{9} - \dfrac{5}{9}$

⓮ $5\dfrac{2}{6} - \dfrac{3}{6}$

⓯ $3\dfrac{6}{8} - 1\dfrac{1}{8}$

⓰ $4\dfrac{5}{9} - 2\dfrac{3}{9}$

⓱ $4 - 1\dfrac{1}{3}$

⓲ $3 - 2\dfrac{6}{10}$

答えは
72ページ

きほん 30

12 分数
分数のたし算とひき算

／100点

1 計算をしましょう。　　　　　　　　　　　　　　　　1つ5〔40点〕

① $\dfrac{6}{9}+\dfrac{11}{9}$

② $\dfrac{14}{6}-\dfrac{11}{6}$

③ $\dfrac{15}{7}+\dfrac{12}{7}$

④ $\dfrac{10}{3}-\dfrac{5}{3}$

⑤ $3\dfrac{1}{5}+\dfrac{6}{5}$

⑥ $\dfrac{15}{4}-\dfrac{9}{4}$

⑦ $\dfrac{9}{8}+1\dfrac{2}{8}$

⑧ $3\dfrac{5}{7}-1\dfrac{2}{7}$

2 計算をしましょう。　　　　　　　　　　　　　　　　1つ6〔60点〕

① $1\dfrac{1}{4}+3\dfrac{2}{4}$

② $1\dfrac{1}{5}-\dfrac{3}{5}$

③ $1\dfrac{3}{10}+2\dfrac{7}{10}$

④ $3\dfrac{3}{10}-\dfrac{8}{10}$

⑤ $2\dfrac{1}{2}+2\dfrac{1}{2}$

⑥ $4\dfrac{3}{9}-2\dfrac{6}{9}$

⑦ $1\dfrac{2}{3}+2\dfrac{2}{3}$

⑧ $3\dfrac{4}{7}-1\dfrac{6}{7}$

⑨ $2\dfrac{5}{6}+1\dfrac{3}{6}$

⑩ $2\dfrac{2}{8}-1\dfrac{5}{8}$

12 分数
分数のたし算とひき算

／100点

1 計算をしましょう。

1つ5〔40点〕

❶ $\dfrac{3}{2} + \dfrac{9}{2}$

❷ $\dfrac{16}{8} - \dfrac{13}{8}$

❸ $\dfrac{14}{9} + \dfrac{13}{9}$

❹ $\dfrac{14}{5} - \dfrac{9}{5}$

❺ $2\dfrac{1}{3} + \dfrac{8}{3}$

❻ $\dfrac{23}{7} - \dfrac{11}{7}$

❼ $\dfrac{15}{6} + 1\dfrac{2}{6}$

❽ $5\dfrac{3}{4} - 3\dfrac{1}{4}$

2 計算をしましょう。

1つ6〔60点〕

❶ $3\dfrac{2}{4} + 2\dfrac{3}{4}$

❷ $2\dfrac{1}{2} - 2\dfrac{1}{2}$

❸ $2\dfrac{3}{7} + 1\dfrac{4}{7}$

❹ $3 - \dfrac{7}{8}$

❺ $3\dfrac{5}{10} + 2\dfrac{8}{10}$

❻ $2\dfrac{3}{9} - \dfrac{8}{9}$

❼ $2\dfrac{4}{8} + 3\dfrac{7}{8}$

❽ $4 - 2\dfrac{2}{3}$

❾ $1\dfrac{4}{5} + 2\dfrac{3}{5}$

❿ $3\dfrac{3}{6} - 1\dfrac{5}{6}$

答えは
72ページ

月　　日

10分

／100点

1 計算をしましょう。　　　　　　　　　　　　　　　　　1つ5〔40点〕

❶ 523×207

❷ 640÷8

❸ 436÷4

❹ 93÷31

❺ 651÷31

❻ 540÷90

❼ 4.25＋3.96

❽ 2.92－0.755

2 わり算をしましょう。商は一の位まで求め、あまりもだしましょう。　　　　　　　　　　　　　　　　　　　　1つ6〔60点〕

❶ 79÷7

❷ 394÷6

❸ 68÷12

❹ 89÷27

❺ 406÷58

❻ 339÷46

❼ 829÷37

❽ 973÷305

❾ 380÷60

❿ 2800÷500

答えは
72ページ

力だめし ②

／100点

1 計算をしましょう。わり算は、わりきれるまでしましょう。

❶～⓬ 1つ6、⓭～⓰ 1つ4〔88点〕

❶ $28 \times (90 - 60)$

❷ $(210 - 85) \div 25$

❸ $814 - 4 \times 13$

❹ $27 - 516 \div 43$

❺ 2.9×5

❻ 3.84×26

❼ $7.8 \div 3$

❽ $8.2 \div 4$

❾ $60.3 \div 9$

❿ $68.9 \div 53$

⓫ $8.12 \div 29$

⓬ $63.75 \div 85$

⓭ $\dfrac{15}{8} + \dfrac{4}{8}$

⓮ $\dfrac{21}{9} - \dfrac{12}{9}$

⓯ $3\dfrac{2}{4} + 2\dfrac{1}{4}$

⓰ $5 - 2\dfrac{1}{3}$

2 わり算をしましょう。商は一の位まで求め、あまりもだしましょう。

1つ6〔12点〕

❶ $57.2 \div 9$

❷ $39.6 \div 18$

答えは **72ページ**

答え

1 3・4ページ

1 ❶ 一億　　　❷ 一兆

2 ❶ 七億六百三十五万八十一
　❷ 六百四十億九十三万二百五十
　❸ 三兆六十億七万九百
　❹ 百八十兆四十二億三百五十
　　七万九千五

3 ❶ 860500000
　❷ 3060000780000
　❸ 13000580000
　❹ 2070000000000

★ ★ ★

1 ❶ <　　　　❷ >

2 ❶ 920098000、210073000、
　　120086000
　❷ 15143106000、15141304000、
　　15131405000

3 ㋐ 9300億　　㋑ 9800億
　㋒ 1兆400億　㋓ 1兆1500億

4 ❶ 100000001　❷ 999999999

2 5・6ページ

1 ❶ 80772　　❷ 207236
　❸ 21億　❹ 1兆　❺ 250億
　❻ 5兆　❼ 800億　❽ 30兆
　❾ 56億　❿ 9000万

2 ❶ 300、3　　❷ 20、2000

★ ★ ★

1 ❶ 132057　　❷ 318274
　❸ 4兆2000億　❹ 200億
　❺ 6000億　　❻ 6億3000万

2 ❶ 7、700　　❷ 4300、43

3 ❶ 85500　　❷ 8550000
　❸ 855万　　❹ 855億

3 7・8ページ

1 ❶ 2 ❷ 20 ❸ 200 ❹ 2000

2 ❶ 30　　❷ 10　　❸ 60
　❹ 70　　❺ 90　　❻ 70
　❼ 400　　❽ 100　　❾ 1000
　❿ 1000 ⓫ 600 ⓬ 800

★ ★ ★

1 ❶ 30 ❷ 20 ❸ 10 ❹ 10
　❺ 20 ❻ 10 ❼ 30 ❽ 60
　❾ 50 ❿ 80 ⓫ 90 ⓬ 90
　⓭ 70 ⓮ 40 ⓯ 100
　⓰ 300 ⓱ 1000 ⓲ 2000
　⓳ 900 ⓴ 400

4 9・10ページ

1 ❶
```
    26
3)78
    6
   18
   18
    0
```
　❷
```
    23
4)92
    8
   12
   12
    0
```

2
① 15 / 6)90 / 6 / 30 / 30 / 0
② 16 / 3)48 / 3 / 18 / 18 / 0
③ 14 / 7)98 / 7 / 28 / 28 / 0
④ 17 / 5)85 / 5 / 35 / 35 / 0
⑤ 12 / 8)96 / 8 / 16 / 16 / 0
⑥ 17 / 4)68 / 4 / 28 / 28 / 0

★ ★ ★
1
① 19 / 2)38 / 2 / 18 / 18 / 0
② 29 / 3)87 / 6 / 27 / 27 / 0
③ 47 / 2)94 / 8 / 14 / 14 / 0
④ 13 / 4)52 / 4 / 12 / 12 / 0
⑤ 14 / 6)84 / 6 / 24 / 24 / 0
⑥ 13 / 7)91 / 7 / 21 / 21 / 0

2 ① 16 ② 15 ③ 19 ④ 17

5
11・12ページ

1
① 20 / 3)61 / 6 / 1
② 28 / 2)57 / 4 / 17 / 16 / 1

2
① 21 / 3)65 / 6 / 5 / 3 / 2
② 11 / 6)68 / 6 / 8 / 6 / 2
③ 20 / 4)83 / 8 / 3
④ 12 / 7)89 / 7 / 19 / 14 / 5
⑤ 23 / 4)95 / 8 / 15 / 12 / 3
⑥ 12 / 8)98 / 8 / 18 / 16 / 2

★ ★ ★
1
① 32 / 2)65 / 6 / 5 / 4 / 1
② 15 / 6)92 / 6 / 32 / 30 / 2
③ 12 / 7)88 / 7 / 18 / 14 / 4
④ 13 / 6)81 / 6 / 21 / 18 / 3
⑤ 14 / 5)74 / 5 / 24 / 20 / 4
⑥ 23 / 4)93 / 8 / 13 / 12 / 1

2 ① 11あまり7 ② 28あまり2
③ 10あまり7 ④ 19あまり2

6
13・14ページ

1
① 256 / 3)768 / 6 / 16 / 15 / 18 / 18 / 0
② 61 / 6)366 / 36 / 6 / 6 / 0

2
① 276 / 2)552 / 4 / 15 / 14 / 12 / 12 / 0
② 170 / 5)850 / 5 / 35 / 35 / 0
③ 96 / 4)387 / 36 / 27 / 24 / 3
④ 110 / 7)775 / 7 / 7 / 7 / 5
⑤ 69 / 9)624 / 54 / 84 / 81 / 3

★ ★ ★
1
① 110 / 9)990 / 9 / 9 / 9 / 0
② 280 / 3)842 / 6 / 24 / 24 / 2
③ 100 / 7)705 / 7 / 5

❹ 80 / 7)565 / 56 / 5
❺ 78 / 5)393 / 35 / 43 / 40 / 3
❻ 87 / 8)700 / 64 / 60 / 56 / 4

2 ❶ 207あまり3　❷ 479あまり1
❸ 87　❹ 72あまり2

7　15・16ページ

1 ❶ 90°　❷ 180°　❸ 360°　❹ 180°
2 あ50°　い135°　う230°　え315°
　お90°　か45°　き30°　く60°

★ ★ ★

1 あ65°　い115°　う50°　え130°
2 あ75°　い135°　う15°　え45°
3 ❶180°　❷90°　❸60°　❹300°

8　17・18ページ

1 ❶ 0.2L　❷ 1.8L　❸ 2.6L
2 ❶ 0.1　❷ 0.1　❸ 0.2
　❹ 2.08　❺ 1.425　❻ 0.08
3 ❶ 10倍…4.2　$\frac{1}{10}$…0.042
　❷ 10倍…2.5　$\frac{1}{10}$…0.025

★ ★ ★

1 ❶ <　❷ >
2 ❶ 0.8　❷ 2.35　❸ 4.2
　❹ 3.205
3 ❶ 4.325　❷ 30.63　❸ 0.52
　❹ 2.02　❺ 5.12　❻ 3.64
　❼ 2.899

9　19・20ページ

1 ❶ 5.8　❷ 2.837
2 ❶ 17　❷ 2.018　❸ 7.454

❹ 25.49　❺ 3.906　❻ 3.18
❼ 5.189　❽ 3.6

★ ★ ★

1 ❶ 5.02　❷ 1.015　❸ 29
　❹ 6　❺ 11.9　❻ 7.5
2 ❶ 20.03　❷ 3.803　❸ 5
3 ❶ 34　❷ 2.621　❸ 4.021
　❹ 13.9

10　21・22ページ

1 ❶ 0.94　❷ 2.285
2 ❶ 6.85　❷ 1.458　❸ 2.369
　❹ 10.89　❺ 0.715　❻ 2.659
　❼ 1.938　❽ 1.914

★ ★ ★

1 ❶ 2.22　❷ 1.809　❸ 3.82
　❹ 3.43　❺ 9.58　❻ 1.698
2 ❶ 8.39　❷ 1.987　❸ 5.598
3 ❶ 11.55　❷ 2.989　❸ 0.937
　❹ 5.609

11　23・24ページ

1 ❶ 3　❷ 30　❸ 3　❹ 3あまり20
2 ❶ 3　❷ 3　❸ 7　❹ 9　❺ 5　❻ 7
　❼ 3あまり10　❽ 2あまり10
　❾ 5あまり40　❿ 8あまり30
　⓫ 7あまり40　⓬ 8あまり40

★ ★ ★

1 ❶ 4　❷ 2　❸ 1　❹ 2　❺ 2　❻ 5
　❼ 1あまり20　❽ 1あまり10
　❾ 2あまり20　❿ 1あまり30
　⓫ 2あまり10　⓬ 1あまり10
　⓭ 4あまり10　⓮ 1あまり30
　⓯ 2あまり40　⓰ 6あまり10
　⓱ 8あまり70　⓲ 2あまり20
　⓳ 6あまり50　⓴ 5あまり70

12

25・26ページ

1
❶ 23)69 = 3, 69, 0
❷ 31)91 = 2, 62, 29

2
❶ 25)75 = 3, 75, 0
❷ 22)67 = 3, 66, 1
❸ 24)73 = 3, 72, 1
❹ 28)84 = 3, 84, 0
❺ 14)98 = 7, 98, 0
❻ 29)63 = 2, 58, 5

★ ★ ★

1
❶ 24)96 = 4, 96, 0
❷ 38)70 = 1, 38, 32
❸ 37)95 = 2, 74, 21
❹ 18)72 = 4, 72, 0
❺ 46)91 = 1, 46, 45
❻ 12)47 = 3, 36, 11

2 ❶ 2 ❷ 2 ❸ 2あまり6
❹ 2あまり2

13

27・28ページ

1
❶ 42)210 = 5, 210, 0
❷ 34)512 = 15, 34, 172, 170, 2

2
❶ 62)434 = 7, 434, 0
❷ 72)245 = 3, 216, 29
❸ 49)600 = 12, 49, 110, 98, 12
❹ 54)486 = 9, 486, 0
❺ 29)261 = 9, 261, 0
❻ 64)756 = 11, 64, 116, 64, 52

★ ★ ★

1
❶ 47)235 = 5, 235, 0
❷ 52)478 = 9, 468, 10
❸ 32)505 = 15, 32, 185, 160, 25
❹ 57)761 = 13, 57, 191, 171, 20
❺ 73)872 = 11, 73, 142, 73, 69
❻ 94)981 = 10, 94, 41

2 ❶ 6 ❷ 12あまり15
❸ 7あまり24 ❹ 13あまり48

14

29・30ページ

1 ❶ 4 ❷ 5あまり200
2 ❶ 6 ❷ 5あまり500 ❸ 4
❹ 40 ❺ 3 ❻ 84あまり200

★ ★ ★

1 ❶ 4 ❷ 4あまり400 ❸ 6
❹ 60 ❺ 2あまり4
❻ 104あまり400
2 ❶ 3 ❷ 9あまり300
❸ 7 ❹ 9あまり1300

15

31・32ページ

1 ❶ 2 ❷ 4 ❸ 4あまり5 ❹ 3
❺ 18あまり31 ❻ 14あまり37
2 ❶ 2あまり9 ❷ 3
❸ 6あまり9 ❹ 11

★ ★ ★

1 ❶ 11あまり18 ❷ 21あまり28
❸ 14 ❹ 6 ❺ 9
2 ❶ 13 ❷ 6 ❸ 3あまり51
❹ 2あまり188 ❺ 59あまり60
❻ 23あまり2600

16
33・34ページ

1 ❶ 200 ❷ 105 ❸ 8 ❹ 191
❺ 305 ❻ 48 ❼ 4 ❽ 1300

2 ❶ 210 ❷ 1760 ❸ 1717
❹ 8991

★ ★ ★

1 ❶ 451 ❷ 94 ❸ 168
❹ 380 ❺ 1320 ❻ 19
❼ 3998 ❽ 585 ❾ 25
❿ 302 ⓫ 13
⓬ 287000 ⓭ 17500
⓮ 32000 ⓯ 420
⓰ 200 ⓱ 792 ⓲ 1530

17
35・36ページ

1 ❶ 96 cm² ❷ 225 cm²
❸ 1080 m² ❹ 144 m²

2 ❶ 1800 cm² ❷ 784 cm²
❸ 10800 cm² ❹ 324 m²

★ ★ ★

1 ❶ 289 cm² ❷ 768 m²
❸ 3025 m² ❹ 325 km²

2 ❶ 20a ❷ 36 ha ❸ 30 km²

3 ❶ 20000 ❷ 30
❸ 5000000 ❹ 7
❺ 80000 ❻ 50000

18
37・38ページ

1 ❶ 74 cm² ❷ 1200 cm²
❸ 3050 m² ❹ 242 cm²
❺ 9300 cm²

★ ★ ★

1 ❶ 166 cm² ❷ 320 m²
❸ 867 m² ❹ 936 m²
❺ 184 m² ❻ 1012 m²

19
39・40ページ

1 ❶ 10000 ❷ 40000
❸ 150000

2 ❶ 20000 ❷ 600000
❸ 400000

3 ❶ 560 ❷ 8500
❸ 27000 ❹ 170000
❺ 490000 ❻ 2500000

★ ★ ★

1 ❶ 6100 ❷ 27000
❸ 50000 ❹ 550000
❺ 4000000 ❻ 15000000

2 ❶ 20000 ❷ 80000
❸ 470000 ❹ 190000

3 ❶ 2849 ❷ 2750

20
41・42ページ

1 ❶ 15900 ❷ 12200 ❸ 12700
❹ 5900 ❺ 200 ❻ 1500

2 ❶ 22400 ❷ 47300 ❸ 40400
❹ 1600 ❺ 47200 ❻ 4600
❼ 59300 ❽ 31100

★ ★ ★

1 ❶ 16900 ❷ 5900 ❸ 2000
❹ 500 ❺ 4800 ❻ 1800
❼ 64900 ❽ 23300

2 ❶ 和…13000 差…5000
❷ 和…85000 差…15000

21
43・44ページ

1 ❶ 見積もり…28000 計算…28812
❷ 見積もり…90000 計算…91462
❸ 見積もり…24000000 計算…25106200

2 ❶ 見積もり…800 計算…823
❷ 見積もり…200 計算…186

★ ★ ★

1 ❶ 見積もり…48000 計算…48082
❷ 見積もり…250000 計算…255786
❸ 見積もり…2800000 計算…2856180

2 ❶ 見積もり…1000 計算…1007
❷ 見積もり…300 計算…341

22　45・46ページ

1 ❶ 1.4 × 7 = 9.8
❷ 13.5 × 18 = 243.0（1080, 135）

2 ❶ 3.2 × 5 = 16.0
❷ 2.57 × 4 = 10.28
❸ 4.25 × 6 = 25.50
❹ 0.6 × 29 = 17.4（54, 12）
❺ 13.5 × 17 = 229.5（945, 135）
❻ 3.28 × 15 = 49.20（1640, 328）
❼ 3.6 × 24 = 86.4（144, 72）
❽ 1.03 × 32 = 32.96（206, 309）

★ ★ ★

1 ❶ 43.5　❷ 103.6
❸ 18.8　❹ 78.4
❺ 579.6　❻ 63.36

2 ❶ 0.58　❷ 7.1
❸ 102.6　❹ 443.8
❺ 55.12　❻ 264.6
❼ 592.2　❽ 55.372

23　47・48ページ

1 ❶ 3.4 ÷ 2 → 2)6.8（6, 8, 8, 0）
❷ 1.6 ÷ 6 → 6)9.6（6, 36, 36, 0）

2 ❶ 1.6 → 3)4.8（3, 18, 18, 0）
❷ 2.3 → 4)9.2（8, 12, 12, 0）
❸ 2.2 → 8)17.6（16, 16, 16, 0）
❹ 1.1 → 5)5.5（5, 5, 5, 0）
❺ 2.4 → 7)16.8（14, 28, 28, 0）
❻ 3.5 → 9)31.5（27, 45, 45, 0）

★ ★ ★

1 ❶ 2.5　❷ 6.7　❸ 8.5
❹ 0.9　❺ 7.9　❻ 6.9

2 ❶ 1.3　❷ 0.8　❸ 22.2
❹ 3.1

24　49・50ページ

1 ❶ 2.3 → 12)27.6（24, 36, 36, 0）
❷ 0.07 → 6)0.42（42, 0）

2 ❶ 2.7 → 26)70.2（52, 182, 182, 0）
❷ 2.8 → 33)92.4（66, 264, 264, 0）
❸ 0.6 → 83)49.8（498, 0）
❹ 0.7 → 58)40.6（406, 0）
❺ 0.19 → 48)9.12（48, 432, 432, 0）
❻ 0.12 → 54)6.48（54, 108, 108, 0）

★ ★ ★

1 ❶ 1.4　❷ 5.6　❸ 0.11
❹ 3.7　❺ 0.9　❻ 0.34

2 ❶ 1.3　❷ 2.4　❸ 0.7
❹ 0.08

25

51・52ページ

1

①
$$3\overline{)13.7} \quad \frac{4}{}$$
$$\underline{12}$$
$$1.7$$

②
$$7\overline{)37.3} \quad \frac{5}{}$$
$$\underline{35}$$
$$2.3$$

③
$$13\overline{)61.6} \quad \frac{4}{}$$
$$\underline{52}$$
$$9.6$$

④
$$16\overline{)33.8} \quad \frac{2}{}$$
$$\underline{32}$$
$$1.8$$

2

①
$$5\overline{)8} \quad \frac{1.6}{}$$
$$\underline{5}$$
$$30$$
$$\underline{30}$$
$$0$$

②
$$24\overline{)42} \quad \frac{1.75}{}$$
$$\underline{24}$$
$$180$$
$$\underline{168}$$
$$120$$
$$\underline{120}$$
$$0$$

③
$$8\overline{)70} \quad \frac{0.875}{}$$
$$\underline{64}$$
$$60$$
$$\underline{56}$$
$$40$$
$$\underline{40}$$
$$0$$

★ ★ ★

1

①
$$8\overline{)27.7} \quad \frac{3}{}$$
$$\underline{24}$$
$$3.7$$

②
$$7\overline{)74.8} \quad \frac{10}{}$$
$$\underline{7}$$
$$4.8$$

③
$$14\overline{)38.8} \quad \frac{2}{}$$
$$\underline{28}$$
$$10.8$$

2 ① 0.125 ② 1.28

3 ① 5.3 ② 7.2 ③ 1.9

26

53・54ページ

1 ① 6.13 ② 1.76
③ 21.16 ④ 41.52
⑤ 2.1 ⑥ 1.65

2 ① 8.043 ② 9.763
③ 802.24 ④ 6.7

★ ★ ★

1 ① 20.02 ② 4.704
③ 46.7 ④ 56.52
⑤ 4.9 ⑥ 2.5

2 ① 403 ② 1416.58
③ 0.4 ④ 0.09

27

55・56ページ

1 ① $\frac{1}{3}$、$\frac{5}{6}$ ② $\frac{9}{7}$、$\frac{17}{8}$、$\frac{4}{4}$

③ $1\frac{2}{5}$、$2\frac{1}{2}$ ④ $2\frac{1}{2}$、$\frac{17}{8}$

2 ① $1\frac{1}{3}$ ② $1\frac{4}{5}$ ③ $\frac{5}{4}$ ④ $\frac{41}{10}$

★ ★ ★

1 ㋐ $\frac{4}{5}$ ㋑ $2\frac{3}{5}$ ㋒ $3\frac{1}{5}$

2 ㋐ $\frac{5}{6}$ ㋑ $\frac{8}{6}$ ㋒ $\frac{15}{6}$

3 ① 1 ② $2\frac{1}{7}$ ③ $2\frac{2}{8}$ ④ 2
⑤ $\frac{7}{3}$ ⑥ $\frac{9}{5}$ ⑦ $\frac{31}{7}$ ⑧ $\frac{14}{4}$

28

57・58ページ

1 ① $\frac{8}{7}\left(1\frac{1}{7}\right)$ ② $\frac{30}{8}\left(3\frac{6}{8}\right)$

③ $2\frac{3}{4}$ ④ $2\frac{1}{5}$ ⑤ $3\frac{5}{6}$

2 ① $\frac{10}{8}\left(1\frac{2}{8}\right)$ ② $\frac{12}{10}\left(1\frac{2}{10}\right)$

③ $\frac{11}{7}\left(1\frac{4}{7}\right)$ ④ 3 ⑤ $4\frac{2}{4}$

⑥ $2\frac{1}{6}$ ⑦ $3\frac{2}{3}$ ⑧ $4\frac{4}{5}$ ⑨ 5

⑩ 5

★ ★ ★

1 ① $\frac{11}{8}\left(1\frac{3}{8}\right)$ ② $\frac{12}{9}\left(1\frac{3}{9}\right)$

③ $\frac{6}{4}\left(1\frac{2}{4}\right)$ ④ $\frac{12}{10}\left(1\frac{2}{10}\right)$

⑤ $\frac{18}{7}\left(2\frac{4}{7}\right)$ ⑥ $\frac{21}{6}\left(3\frac{3}{6}\right)$

⑦ 5 ⑧ 5 ⑨ $2\frac{4}{5}$ ⑩ $2\frac{4}{11}$

⑪ $4\frac{1}{6}$ ⑫ $3\frac{2}{9}$ ⑬ $2\frac{1}{7}$ ⑭ $3\frac{1}{5}$

⑮ $2\frac{5}{8}$ ⑯ $3\frac{6}{10}$ ⑰ 5 ⑱ 6

1 ① $\frac{5}{8}$ ② $\frac{8}{7}\left(1\frac{1}{7}\right)$ ③ $2\frac{1}{5}$

④ $2\frac{2}{4}\left(\frac{10}{4}\right)$ ⑤ $1\frac{1}{6}\left(\frac{7}{6}\right)$

2 ① $\frac{11}{8}\left(1\frac{3}{8}\right)$ ② $\frac{6}{7}$ ③ $\frac{12}{10}\left(1\frac{2}{10}\right)$

④ $2\frac{6}{7}\left(\frac{20}{7}\right)$ ⑤ $4\frac{2}{6}$ ⑥ $1\frac{3}{4}\left(\frac{7}{4}\right)$

⑦ $2\frac{2}{5}$ ⑧ 1 ⑨ $5\frac{1}{9}\left(\frac{46}{9}\right)$

⑩ $1\frac{1}{2}\left(\frac{3}{2}\right)$

★ ★ ★

 ① $\frac{9}{10}$ ② $\frac{6}{4}\left(1\frac{2}{4}\right)$ ③ 1 ④ $\frac{3}{9}$

⑤ 2 ⑥ $\frac{5}{8}$ ⑦ 1 ⑧ 3 ⑨ $3\frac{2}{9}$

⑩ $2\frac{2}{4}$ ⑪ $1\frac{5}{6}\left(\frac{11}{6}\right)$ ⑫ $3\frac{4}{7}\left(\frac{25}{7}\right)$

⑬ $2\frac{5}{9}\left(\frac{23}{9}\right)$ ⑭ $4\frac{5}{6}\left(\frac{29}{6}\right)$ ⑮ $2\frac{5}{8}$

⑯ $2\frac{2}{9}$ ⑰ $2\frac{2}{3}\left(\frac{8}{3}\right)$ ⑱ $\frac{4}{10}$

1 ① $\frac{17}{9}\left(1\frac{8}{9}\right)$ ② $\frac{3}{6}$ ③ $\frac{27}{7}\left(3\frac{6}{7}\right)$

④ $\frac{5}{3}\left(1\frac{2}{3}\right)$ ⑤ $4\frac{2}{5}\left(\frac{22}{5}\right)$

⑥ $\frac{6}{4}\left(1\frac{2}{4}\right)$ ⑦ $2\frac{3}{8}\left(\frac{19}{8}\right)$ ⑧ $2\frac{3}{7}$

2 ① $4\frac{3}{4}$ ② $\frac{3}{5}$ ③ 4 ④ $2\frac{5}{10}\left(\frac{25}{10}\right)$

⑤ 5 ⑥ $1\frac{6}{9}\left(\frac{15}{9}\right)$ ⑦ $4\frac{1}{3}$

⑧ $1\frac{5}{7}\left(\frac{12}{7}\right)$ ⑨ $4\frac{2}{6}$ ⑩ $\frac{5}{8}$

★ ★ ★

1 ① 6 ② $\frac{3}{8}$ ③ 3 ④ 1 ⑤ 5

⑥ $\frac{12}{7}\left(1\frac{5}{7}\right)$ ⑦ $3\frac{5}{6}\left(\frac{23}{6}\right)$

⑧ $2\frac{2}{4}$

2 ① $6\frac{1}{4}$ ② 0 ③ 4 ④ $2\frac{1}{8}\left(\frac{17}{8}\right)$

⑤ $6\frac{3}{10}$ ⑥ $1\frac{4}{9}\left(\frac{13}{9}\right)$ ⑦ $6\frac{3}{8}$

⑧ $1\frac{1}{3}\left(\frac{4}{3}\right)$ ⑨ $4\frac{2}{5}$ ⑩ $1\frac{4}{6}\left(\frac{10}{6}\right)$

1 ① 108261 ② 80 ③ 109

④ 3 ⑤ 21 ⑥ 6 ⑦ 8.21

⑧ 2.165

2 ① 11 あまり 2 ② 65 あまり 4

③ 5 あまり 8 ④ 3 あまり 8

⑤ 7 ⑥ 7 あまり 17

⑦ 22 あまり 15 ⑧ 3 あまり 58

⑨ 6 あまり 20 ⑩ 5 あまり 300

1 ① 840 ② 5 ③ 762

④ 15 ⑤ 14.5 ⑥ 99.84

⑦ 2.6 ⑧ 2.05 ⑨ 6.7

⑩ 1.3 ⑪ 0.28 ⑫ 0.75

⑬ $\frac{19}{8}\left(2\frac{3}{8}\right)$ ⑭ 1 ⑮ $5\frac{3}{4}$

⑯ $2\frac{2}{3}\left(\frac{8}{3}\right)$

2 ① 6 あまり 3.2 ② 2 あまり 3.6